Formiga

Myre

Myre

Maçã

Æble

Æble

Astronauta

Astronaut

Astronaut

Banana

Banan

Banan

Formiga

_yr_

Maçã

_ble

Astronauta

Ast_on_ut

Banana

Ba_a_

Urso

Bjørn

Bjørn
_____

_____

_____

Livro

Bog

Bog

Carro

Bil

Bil
_____

_____

_____

Gata

Kat

Kat

Urso

B_ørn

Livro

Bo_

Carro

B__

Gata

K_t_

Milho

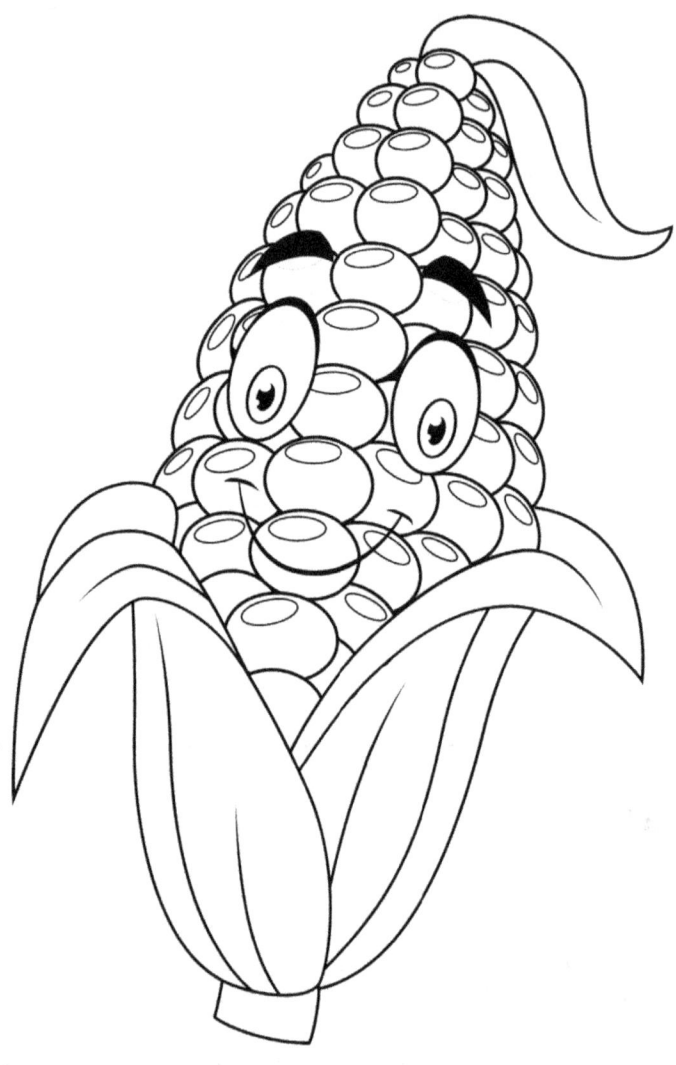

Majs

Majs
_____

_____

_____

Cachorro

Hund

Hund
_____

_____

_____

Rosquinha

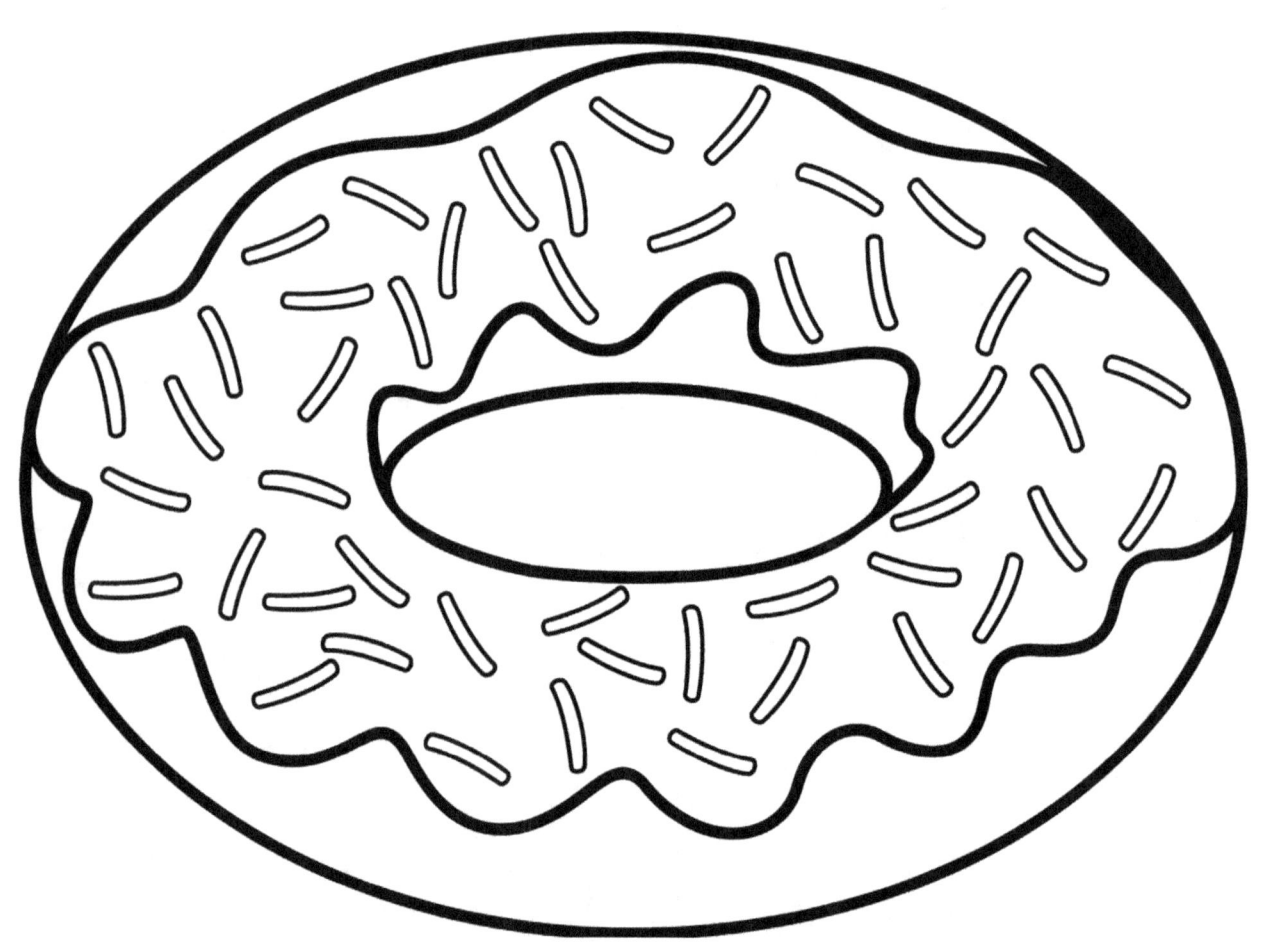

Donut

Donut
_____
_____
_____

Tambor

Tromme

Tromme
_____

_____

_____

Milho

M_js

Cachorro

H_n_

Rosquinha

D_nu_

Tambor

T_omm_

Caracol

Snegl

Snegl

Zebra

Zebra

Zebra
_____

_____

_____

Elefante

Elefant

Elefant
_____

_____

_____

Peixe

Fisk

Fisk

Caracol

S_e_l

Zebra

Z_br_

Elefante

E_e_ant

Peixe

__sk

Flor

Blomst

Blomst
_____

_____

Raposa

Ræv

Ræv

Girafa

Giraf

Giraf

Óculos

Briller

Briller

Flor

loms

Raposa

_æv

Girafa

Gi__f

Óculos

Bri_le_

Uva

Vindruer

Vindruer

Hambúrguer

Hamburger

Hamburger
_____

_____

_____

Hipopótamo

Flodhest

Flodhest

Casa

Hus

Hus

Uva

Vi_dru_r

Hambúrguer

Ham_ur_er

Hipopótamo

_lodh_st

Casa

H_s

Sorvete

Is

Is
_____

_____

_____

Iguana

Leguan

Leguan
_____

_____

_____

Pato

And

And
_____

_____

_____

Jaguar

Jaguar

Jaguar
_____
_____
_____

Sorvete

__ __

Iguana

_egu_n

Pato

__ __d

Jaguar

Ja_uar

Geléia

Syltetøj

Syltetøj

Água-viva

Vandmand

Vandmand
___
___
___

Zepelim

Luftskib

Luftskib
_____

_____

Kiwi

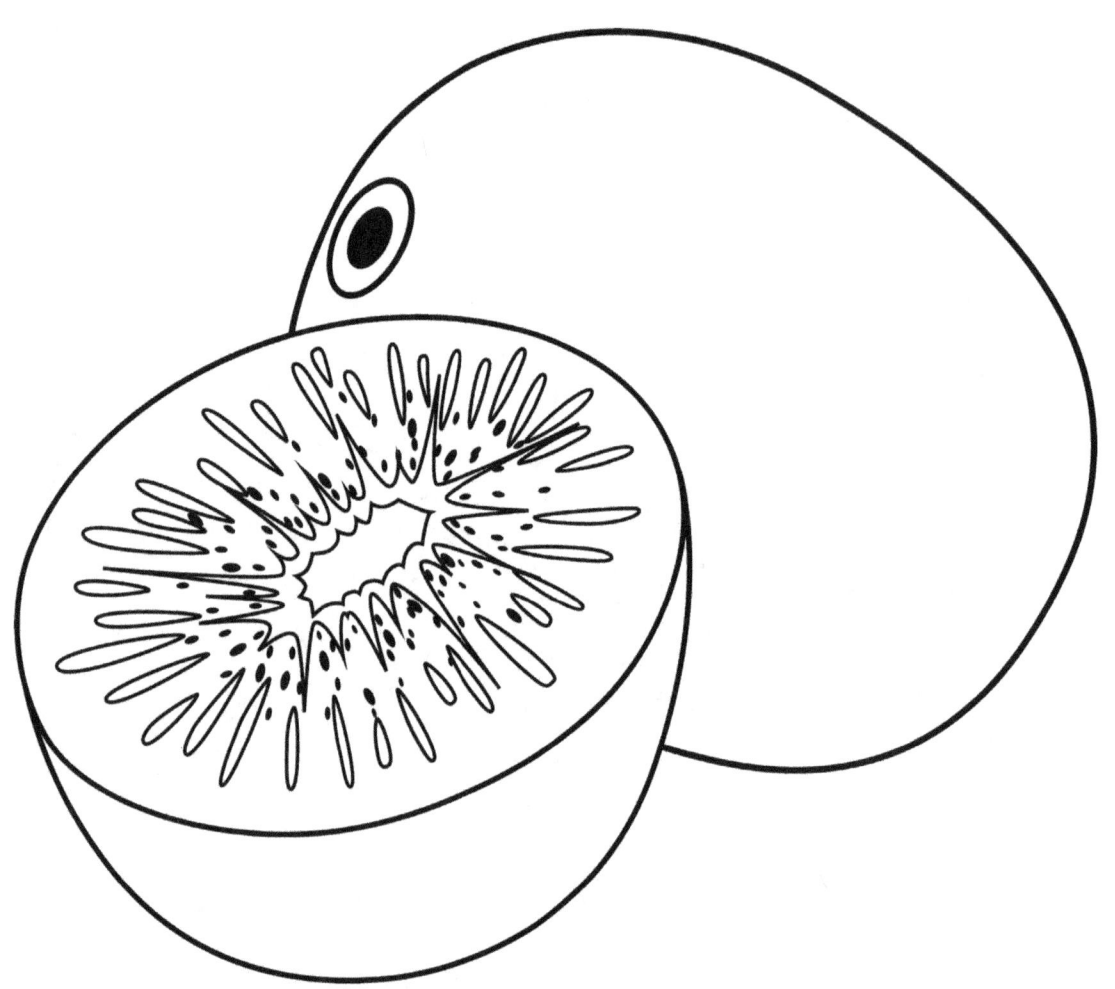

Kiwi

Kiwi

Geléia	
	Sylt_t_j
Água-viva	
	Van_ma_d
Zepelim	
	Lu_t_kib
Kiwi	
	__wi

Morango

Jordbær

Jordbær
_____

_____

Folhas

Blade

Blade
_____
_____
_____

Lâmpada

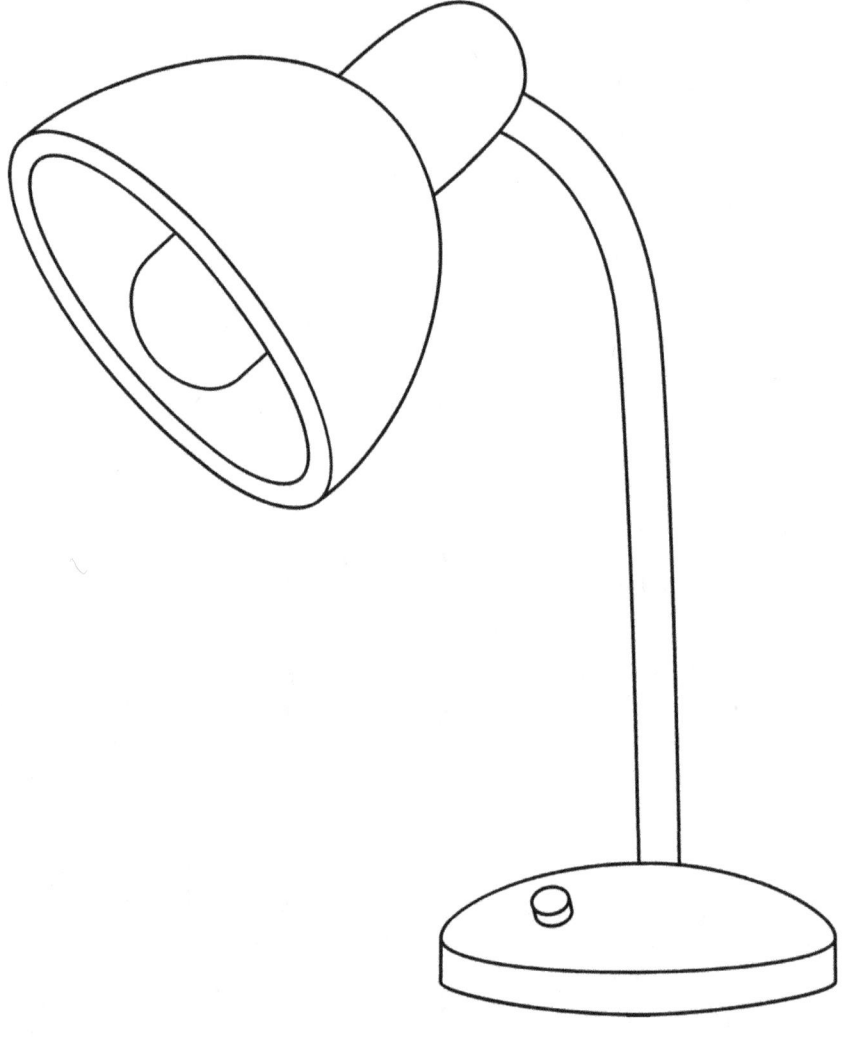

Lys

Lys
_____

_____

_____

Leão

Løve

Løve
_____
_____
_____

Morango

_ordb_r

Folhas

_la_e

Lâmpada

L_s

Leão

Lo__

Macaco

Abe

Abe
_____
_____
_____

Rato

Mus

Mus
_____
_____
_____

Mata-moscas

Rød fluesvamp

Rød fluesvamp

Prego

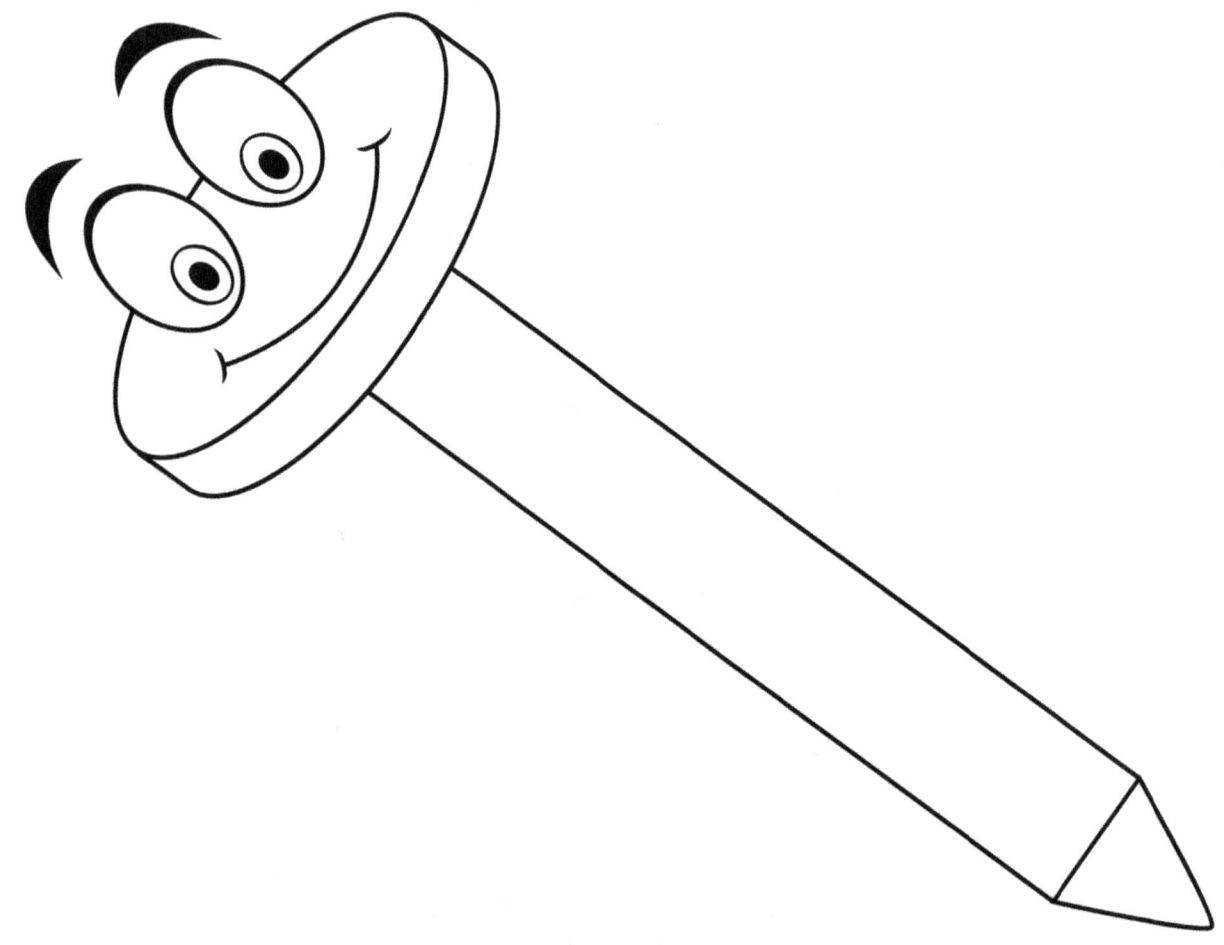

Søm

Søm
_____

_____

_____

Macaco

A_ _

Rato

_ _S

Mata-moscas

R_d fluesvam_

Prego

Sø_

Cavalo

Hest

Hest
_____

_____

_____

Noz

Nød

Nød

Polvo

Blæksprutte

Blæksprutte
_____
_____
_____

Laranja

Appelsin

Appelsin
_____

_____

_____

Cavalo

H_s_

Noz

_ _d

Polvo

B_æks_rutte

Laranja

Ap_elsin

Coruja

Ugle

Ugle

Caneta

Blyant

Blyant
_____

_____

_____

Torta

Tærte

Tærte

Porco

Gris

Gris
_____
_____
_____

Coruja	__le
Caneta	Bly_n_
Torta	Tæ_te
Porco	Gr_s

Pássaro

Fugl

Fugl

Rainha

Dronning

Dronning

_____

_____

_____

Pena

Fjerpen

Fjerpen

Coelho

Kanin

Kanin
_____

_____

_____

Pássaro

_ug_

Rainha

_ronni_g

Pena

Fjerp__

Coelho

K_ni_

Rinoceronte

Næsehorn

Næsehorn

Robô

Robot

Robot

Tigre

Tiger

Tiger
_____
_____
_____

Árvore

Træ

Træ
_____

_____

_____

Rinoceronte

Næse_or_

Robô

obo

Tigre

T_ge_

Árvore

Tr_

Guarda-chuva

Paraply

Paraply
_____
_____
_____

Ouriço-do-mar

Søpindsvin

Søpindsvin

Sol

Sol

Sol
_____
_____
_____

Vegetal

Grøntsag

Grøntsag
_____
_____

Guarda-chuva

P_r_ply

Ouriço-do-mar

S_pindsvi_

Sol

_o_

Vegetal

Grøn_sa_

Vulcão

Vulkan

Vulkan
_____

_____

_____

Abutre

Grib

Grib

Melancia

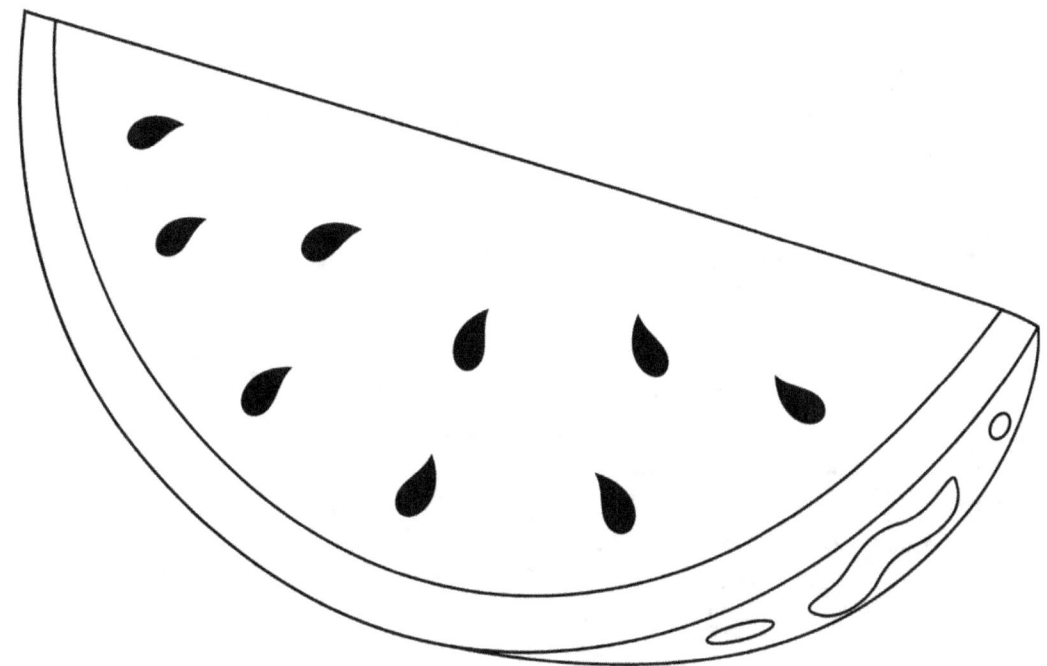

Vandmelon

Vandmelon

Baleia

Hval

Hval

Vulcão

V_lka_

Abutre

G__b

Melancia

_andmel_n

Baleia

_va_

Janela

Vindue

Vindue

Xilofone

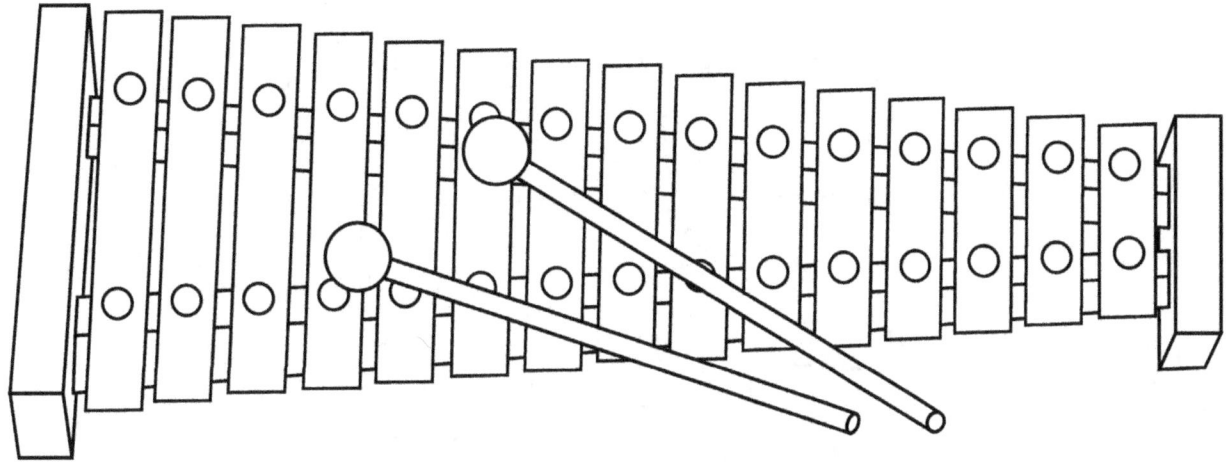

Xylofon

Xylofon

Veleiro

Sejlskib

Sejlskib

Boneco

Snemand

Snemand

Janela

Vin_ue_

Xilofone

Xy_of_n

Veleiro

Sej_skib

Boneco

S_emand

Iogurte

Yoghurt

Yoghurt

Galinha

Kylling

Kylling
_____
_____
_____

Chave

Nøgle

Nøgle

Coala

Koala

Koala
_____
_____
_____

Iogurte

Yog_urt

Galinha

Kylli__

Chave

Nøg_e_

Coala

Ko_la_

Formiga	-
Maçã	-
Astronauta	-
Banana	-
Urso	-
Livro	-
Carro	-
Gata	-
Milho	-
Cachorro	-
Rosquinha	-
Tambor	-
Caracol	-
Zebra	-
Elefante	-
Peixe	-

Flor	-
Raposa	-
Girafa	-
Óculos	-
Uva	-
Hambúrguer	-
Hipopótamo	-
Casa	-
Sorvete	-
Iguana	-
Pato	-
Jaguar	-
Geléia	-
Água-viva	-
Zepelim	-
Kiwi	-
Morango	-

Folhas	-
Lâmpada	-
Leão	-
Macaco	-
Rato	-
Mata-moscas	-
Prego	-
Cavalo	-
Noz	-
Polvo	-
Laranja	-
Coruja	-
Caneta	-
Torta	-
Porco	-
Pássaro	-
Rainha	-

Pena	-
Coelho	-
Rinoceronte	-
Robô	-
Tigre	-
Árvore	-
Guarda-chuva	-
Ouriço-do-mar	-
Sol	-
Vegetal	-
Vulcão	-
Abutre	-
Melancia	-
Baleia	-
Janela	-
Xilofone	-
Veleiro	-

Boneco	-
Iogurte	-
Galinha	-
Chave	-
Coala	-

© nerdMedia 2018

This work, including all its parts, is protected by copyright. Any use is not permitted without the author's consent. This applies in particular to copying, translation, storage and processing in electronic systems. Contact: Dirk Kolodziej/Peppermühl 9/48249 Dülmen/Germany info4us@nerdmedia.eu Cover design: nerdMedia Cover photo: depositphotos.com - Print Output Black & White: Amazon Media EU S.Ã .r.l./5 Rue Plaetis/L-2338 Luxembourg

www.ingramcontent.com/pod-product-compliance
Lightning Source LLC
Chambersburg PA
CBHW062331220526
45469CB00008B/2671